TRAITÉ

SUR

LA MALADIE

DES BÊTES A LAINE.

Traité sur la maladie des bêtes a laine,

CONNUE SOUS LE NOM DE

CACHEXIE AQUEUSE OU POURRITURE,

VULGAIREMENT SOUS LE NOM DE

TIN-VÉREUX, GAME, GAMER, GALAMON, BOUTEILLE,

Et dans le dialecte de quelques provinces,
particulièrement de la Gascogne,

Râco,

QUI SIGNIFIE MALADIE MORTELLE ET SANS REMÈDE.

Par M. De Carrère-St-André,

PROPRIÉTAIRE A GONDRIN (GERS).

PRIX :

2 f. et 2 f. 50 c. par la poste.

AUCH,

IMPRIMERIE ET LIBRAIRIE DE L.-A. BRUN,

PLACE ROYALE.

1837.

PRÉLIMINAIRE.

Ce n'est point par le désir de passer pour auteur, ni par aucune prétention de science littéraire, de médecine, ni de l'art vétérinaire, que je me décide à livrer ce traité au public; mais uniquement pour me rendre aux sollicitations de plusieurs de mes amis, et dans le but d'être utile à mon pays. Aussi ce traité sera-t-il exempt de toute prévention et de tout système hasardé, en même temps qu'il sera à la portée de tous les cultivateurs et de tous les bergers, qui pourront le mettre à profit, à raison du style simple que j'ai adopté, dans l'espoir d'obtenir l'indulgence des personnes les plus éclairées, qui ne verront dans mes intentions qu'un but d'utilité qu'elles sauront apprécier.

Ce traité ne contiendra qu'un rapport fidèle de mes recherches et de mes expériences sur la maladie qui en fait l'objet, tendant à la prévenir et à la guérir, et que quelques-unes de mes opinions personnelles sur l'apparence d'un phénomène que peut présenter l'existence de différens vers dans le cours de cette maladie.

M'étant livré à l'agriculture au commencement de l'année 1814, je ne fus pas long-temps sans reconnaître le grand mécompte que j'eus à éprouver de la culture ordinaire des terres, par le peu de rapport des champs et des vignes; les récoltes en étant souvent rendues de nulle valeur par les intempéries des saisons, après bien des dépenses faites pour leur culture pendant toute l'année, et par leur bas prix; ce qui me fit sentir l'impérieuse nécessité de me retourner vers un moyen d'industrie agricole, qui augmentât le revenu des terres, et qui pût procurer en même temps un revenu particulier à l'abri des mauvaises chances auxquelles le revenu des terres se trouve exposé.

Les troupeaux de bêtes à laine m'ayant paru, indépendamment de l'immense produit qui leur est propre, les plus puissans auxiliaires pour faire obtenir de grands résultats en agriculture, qui avec ce secours devient la plus puissante branche de richesse à laquelle on puisse s'attacher dans un pays agricole, leur éducation fixa toute mon attention, et je n'hésitai pas à me décider à en élever un grand nombre.

La maladie de la pourriture présentait sa mauvaise chance pour cette importante industrie, et portait un grand obstacle à mes espérances, à raison de la mortalité qu'elle occasionne si souvent parmi les brebis. Mes voisins et généralement toutes les personnes du pays me faisaient part de cet obstacle, qui les empêchait de se livrer à cette spéculation d'abondante richesse, dont ils connaissaient tout l'avantage.

Ce qu'avaient dit les hommes célèbres en industrie agricole sur les moyens propres à accréditer et à améliorer la tenue des grands troupeaux, dans l'intérêt de la fortune particulière d'où dépend toujours la fortune publique, fut le motif de ma détermination pour cette importante industrie à laquelle je ne tardai pas à donner tous mes soins, et dès-lors mes plus grandes sollicitudes se fixèrent sur le sort de mon troupeau, et je me livrai sans relâche à des recherches propres à découvrir la nature, les causes et le caractère de cette désastreuse maladie, et à trouver des moyens de la prévenir et de la guérir.

Les recherches et les expériences auxquelles je me suis livré, ayant obtenu une constante réussite depuis l'année 1818 jusqu'à l'année 1837, sont d'un prix inestimable, en ce qu'elles sont sûres et suffisantes pour dissiper le découragement que cette maladie porte parmi les agriculteurs, en décimant leurs troupeaux, et en les détruisant souvent en totalité; et en ce qu'elles concourent également à rendre bien plus rares les diverses maladies qui assiègent ces précieux animaux.

Mes intentions, étant biens connues, seront appréciées par mes lecteurs, et mon but sera bien rempli, puisque je leur serai utile (1).

(1) Quelques agriculteurs ayant éprouvé des pertes considérables par la mortalité des brebis, et n'ayant pas les moyens de s'y soustraire, ont essayé d'obtenir les mêmes profits en élevant des vaches; mais ces profits n'étaient susceptibles d'aucune comparaison. Un grand mécompte s'est fait bientôt sentir sur le produit des terres, à raison de l'infériorité du fumier; à peine a-t-on pu élever huit ou dix vaches sur le domaine où il était facile d'élever plus de cent brebis. Les vaches ne portent pas tous les ans des veaux comme les brebis des agneaux; il y en a souvent de stériles; on ne peut communément compter qu'un veau tous les 15 ou 18 mois, pour chacune. Il arrive des accidens qui réduisent ordinairement le profit de dix vaches à 5 ou 6 veaux par année l'une dans l'autre, du prix d'environ trente francs. Si on les laisse venir pour le travail, ils sont d'un plus grand prix; mais ils occasionnent beaucoup de dépense, ils portent préju-

dice aux vaches, ils diminuent leur valeur, et retardent leur nouvelle production.

Les gages et la nourriture du berger devant être prélevés sur 180 fr., produit de 6 veaux, il est aisé de reconnaître qu'on ne peut compter sur les profits des vaches que dans les pays des montagnes où les terres étant incultes, les habitans de ces contrées n'ayant d'autres revenus que celui que leur procure le soin de leurs vaches, les individus de chaque famille n'ayant d'autres occupations que celles de faire du beurre ou du fromage, qui leur donne incomparablement plus de revenu que le profit des veaux; mais dans les pays en culture, cette spéculation ne peut ni profiter ni convenir, et les résultats doivent en être considérés comme de nulle valeur.

TRAITÉ

SUR

LA MALADIE

DES BÊTES A LAINE.

§ Ier.

DE LA CACHEXIE OU POURRITURE,

MALADIE DES BÊTES A LAINE.

De toutes les dénominations qui ont été attribuées à cette maladie, celle qui lui convient le mieux est celle de *cachexie* et *pourriture*, puisqu'elle est l'effet de la faiblesse et de la putréfaction jusqu'au degré de la pourriture et de la gangrène.

Le nom de *bouteille* convient très bien à l'œdème ou gonflement molasse qui se montre sous la ganache, particulièrement le soir, au retour du pacage, à raison de l'eau visqueuse qu'il contient, causée par un épanchement de la lymphe dont la circulation, se trouvant interrompue dans les vaisseaux ordinaires, se jette dans cette partie faible et altérée par le voisinage du hamulaire, qui se trouve sur la trachée artère (1), et elle est plus apparente le soir, à raison de la position basse de la tête pendant le pacage. (2)

L'incertitude existante sur les moyens de prévenir et guérir cette maladie n'avait permis d'indiquer jusqu'à présent des moyens de guérison que purement préventifs, qui n'avaient jamais de réussite; aussi la croyait-on généralement incurable et sans remède, ce qui la faisait considérer comme pestilentielle et contagieuse; et la pen-

(1) Le hamulaire est un ver intestinal qui offre pour caractère un corps linéaire, cylindrique, une tête obtuse, armée en dessous de deux crochets proéminens; (on a cru qu'il était le même que les larves des œstres, qui séjournent dans le sinus maxillaire, derrière la racine de la langue). Les naturalistes n'en connaissaient d'abord qu'une espèce qu'on avait trouvée sur la trachée artère d'un homme mort de pulmonie; depuis on a découvert deux autres espèces de hamulaires moins importantes que la première.

(2) Cette eau prend aussi quelquefois son épanchement vers le pancreas, le foie, la rate, l'épigastre et le bout de la queue, ce qui fait que la bouteille ne se montre pas toujours pendant cette maladie, l'épanchement ne s'étant pas porté vers la ganache. Cette circonstance démontre au plus haut point la nécessité de bien observer et rechercher tous les symptômes indiqués pour ne se laisser tromper par l'absence d'aucun.

Il arrive aussi quelquefois que la bouteille disparaît, parce qu'elle prend quelque autre direction. Elle n'en est pas plus dangereuse pour cela, si on traite la maladie.

sée assez accréditée était qu'elle emportait d'abord les agneaux, ensuite les brebis-mères, et enfin les moutons et les béliers.

Cette maladie qui n'est ni contagieuse ni pestilentielle, n'emporte pas les agneaux à raison de ces causes; ils meurent assez ordinairement avant les brebis, parce qu'elles en sont souvent atteintes sans que l'on s'en aperçoive; qu'elle vicie leur lait, lui fait perdre ses qualités bienfaisantes, en diminue la quantité, et qu'il finit par se perdre entièrement. Alors les agneaux n'ayant qu'une mauvaise ou insuffisante nourriture, la misère qu'ils éprouvent fait que la maladie s'en empare, s'ils ne sont pas assez forts pour se nourrir au pacage ou en les pansant à l'étable; et ils meurent indistinctement avant ou après les brebis, s'ils ne peuvent se passer du lait qu'elles ne leur fournissent plus qu'en petite quantité, ou qui, étant vicié, ne peut plus les nourrir.

Le moyen qui réussit assez ordinairement pour conserver les agneaux lorsqu'ils sont atteints de mortalité à la bergerie, surtout lorsqu'elle n'est pas convenablement construite, c'est de les laisser sortir, car le grand air leur fait du bien et diminue leur tristesse qui ajoute à leur souffrance; de prendre le soin de leur donner assez à manger, soit du fourrage, du son ou de l'avoine, selon leur goût (lorsqu'ils sont petits, ils mangent mieux le son que l'avoine, mais il ne leur fait pas autant de bien), avec du sel et du soufre lavé, conformément à ce qui sera indiqué aux moyens préservatifs. (1) Il arrive assez souvent, surtout lorsque les bergeries sont mal construites et mal saines, qu'il suffit, pour la guérison des agneaux, de les laisser sortir et aller au pacage où ils jouissent d'un renouvellement d'air qui leur est favorable, et d'une nourriture nécessaire ajoutée à l'insuffisance du lait; cependant il est prudent, pour plus de sûreté, de les panser, de les soigner et de soumettre les brebis au traitement, ou au moins à l'usage des moyens préservatifs.

Il ne faut pas croire, parce qu'il ne sera pas mort de brebis d'un troupeau et qu'il n'en est mort que des agneaux, que la maladie n'a pas existé; elle existe souvent sans que l'on s'en soit aperçu. Si la belle saison arrive avant qu'elle n'a exercé ses ravages, les plantes que les brebis pacagent et les arbres qu'elles broutent ayant recouvré par la végétation leurs qualités bienfaisantes, rétablissent les forces des brebis qui, dès lors, se remettent assez bien, sans qu'on se soit aperçu de leur incommodité, si on n'a pas eu le soin de vérifier l'état du troupeau. Il est cependant d'autres causes qui peuvent faire mourir les agneaux; il ne faut pas toujours attribuer leur mort à l'état de leur mère; mais c'est cependant assez généralement à cette cause qu'on peut l'attribuer.

(1) La dose sera réglée suivant l'âge, la force et l'apparence du tempérament.

§ 2.

DES SIGNES

OU SYMPTÔMES DE LA MALADIE.

Les symptômes de cette maladie se reconnaissent à un commencement de maigreur, la peau décolorée et sèche, ou ne paraissant pas avoir la même humidité ; la laine ayant l'air de se friser, paraissant plus grosse et plus claire qu'à l'ordinaire, devenant rude et sèche, la marche lente ; les plus robustes paraissant la tête et le museau levé, en marchant plus lentement qu'à l'ordinaire en avant du troupeau ; les gencives, les lèvres, les veines de l'œil sont décolorées ; le flanc est serré ; le soir on aperçoit sous la ganache un gonflement molasse ; la tristesse et l'abattement qui accompagnent l'état de souffrance se font visiblement apercevoir ; la laine ne tient que peu à la peau ; à mesure que la maladie fait des progrès, la tête devient insensiblement grosse et ce qu'on appelle grasse ; l'animal malade reste éloigné des autres au pacage et le suit de loin au retour à la bergerie ; il finit par ne vouloir plus manger, il se retire dans les coins de la bergerie les plus reculés, et cherche les endroits où il peut se cacher. Alors la mort est prochaine, si on n'y remédie promptement, la maladie étant à son dernier période. On avait indiqué anciennement comme signe de la maladie, que lorsqu'on saisit le mouton au jarret, il ne fait que peu ou point d'effort pour échapper ; si on appuie la main sur les reins, ils plient et ne résistent pas. Outre que ces signes ne s'aperçoivent pas au premier coup-d'œil, qu'il est insipide de les rechercher, que les reins plient souvent en y appuyant la main sans que la maladie existe, il est inutile de s'y arrêter.

La connaissance de plusieurs de ces symptômes depuis bien du temps indiqués, n'avait été d'aucun avantage, parce que n'en connaissant pas les causes, et les ayant tous confondus, sans distinction des différens périodes qu'ils parcourent et qui les annoncent, on ne s'était jamais bien fixé sur leur existence, ni sur le degré de la maladie, ni sur l'époque à laquelle il convient de la traiter, et que d'ailleurs les moyens de guérison étant inconnus, on n'y attachait pas toute l'importance qui eût été à désirer.

Cette maladie datant toujours de loin, (1) et ne se développant le plus souvent que lentement et par des accidens successifs plus ou moins dangereux, il est important que l'on soit toujours attentif à bien observer la démonstration de ses premiers symptômes. Si on met de la négligence à les

(1) Le délai de la rédhibition est fixé à trois mois, dans les Hautes et Basses-Pyrénées, à raison de la lenteur que cette maladie met à se développer.

reconnaître, il se succèdent tous, et ils occasionnent des complications qui rendent la guérison plus lente et plus difficile.

§ 3.

DES CAUSES.

Les brebis assujetties par leur nature à une perte considérable et continuelle, par le suintement naturel à leur espèce lanifère, ont toujours besoin d'une nourriture également substantielle et nourrissante, pour réparer leurs pertes, entretenir leurs forces et leur santé. Leur état et leurs pertes rendent ordinairement leur tempérament faible et cachectique, quoiqu'elles soient d'une complexion assez robuste; l'espèce des brebis mérinos, qui sont les mieux constituées, est cependant plus fragile et plus accessible à la maladie, que les espèces dont la laine est plus grosse et plus longue, à raison de la plus grande quantité de suint, auquel leur qualité les assujettit; leur peau est plus fine, elle est d'une couleur rougeâtre, qui annonce une plus grande abondance de circulation de liquide qui transpire. Cette fragilité étant généralement reconnue par l'expérience, il est peu de propriétaires qui se livrent à leur éducation, crainte de les perdre, ce qui porte obstacle à la richesse qu'on pourrait en retirer.

Les causes de cette maladie ont pour origine le mauvais effet que produit l'herbe des pacages, vers la fin de l'automne et pendant l'hiver, surtout lorsqu'elle est couverte de rosée et de brouillard qui la rendent plus humide et plus froide dans ces deux saisons, qui font perdre aux pacages les qualités bienfaisantes et nutritives qu'ils possèdent pendant les autres saisons de l'année, et qui les privent des substances nécessaires pour la nourriture et l'entretien des brebis en proportion des pertes qu'elles éprouvent; toutes les privations et la misère qu'entraîne avec lui le passage de la belle saison à celle de l'automne ou de l'hiver, le défaut de nourriture, les pluies auxquelles on laisse les brebis exposées, la détérioration des plantes et le peu de substance qu'elles contiennent pendant les longues pluies et les hivers rigoureux, qui contribuent davantage à gâter les pâturages et ruinent les troupeaux, l'herbe des bas-fonds et des prairies des rivières, qui conserve, dès l'entrée de la saison froide, une humidité qui la détériore plus facilement que celle des terrains élevés ou des coteaux, et la rend plus dangereuse; les plantes y étant plus grasses contiennent plus d'eau; elles sont flasques, aqueuses et de mauvais goût. Celles des côteaux ordinairement pierreux et caillouteux, sont sèches et en grande partie mêlées d'aromates, qui leur donnent des qualités toniques et nourrissantes, et sont moins sujettes à se détériorer par le changement des saisons ; elles ne conviennent pas autant à la demeure des insectes et des vers qui infectent les pâturages gras et humides.

On a de tout temps remarqué que les moutons qui paissent dans des lieux arides, sont moins sujets à la pourriture ; ces circonstances doivent être attribuées à ce que les terrains arides et ordinairement calcaires, ou marneux, contiennent des sels dont ils transmettent les principes bienfaisans aux plantes qu'ils produisent, et les rendent plus sèches, odoriférantes, aromatiques et nourrissantes.

Comme c'est dans le commencement de l'automne que s'ouvre le danger de cette maladie, c'est à partir de cette époque, ou dès le commencement du mois de novembre que les bergers et les propriétaires doivent être attentifs à visiter journellement leur troupeaux, pour bien s'assurer qu'il n'existe aucun des symptômes indiqués : malheur au troupeau qui sera livré au berger indifférent ou paresseux, si le maître n'y porte lui-même sa surveillance.

Le pacage dans l'hiver, pendant la neige, la glace, la pluie, le brouillard, ou dans les prairies sujettes aux débordemens, indépendamment des causes énumérées de l'altération du pacage, en ont d'autres bien dangereuses ; non seulement les brebis avalent, à raison de la faim qu'elles éprouvent dans cette saison, la terre que contient l'herbe vasée ou sablée, qui porte en elle-même le principe et le développement de la maladie; mais elles mangent aussi avec avidité la terre des taupinières et des fourmilières et tout ce qu'elles renferment de vers ou de leurs œufs, ordinairement en quantité, surtout lorsque leur santé commence à être altérée; cette terre, comme celle que contient l'herbe vasée, a encore l'inconvénient de s'agglomérer dans l'estomac, de déranger la digestion. L'herbe vasée contient aussi une infinité d'insectes et de vers de diverses espèces, dont la décomposition infecte le pacage et le rend la source d'une dangereuse putridité. La glace, la neige, l'eau froide et glacée, qui se trouvent sur l'herbe, provenant de la rosée ou du brouillard, ont le double inconvénient de porter dans le sang et les humeurs un refroidissement, qui en dérange la circulation, détermine la corruption de tous les organes, et occasionne une lésion dans toutes les fibres.

Ces causes sont des complications mortelles; c'est lorsqu'elles se rencontrent réunies en grande partie, ou toutes ensemble, que la maladie peut devenir incurable, si elle est à un degré bien avancé, surtout si on est éloigné de la belle saison. Si les brebis n'ont pas mangé de l'herbe vasée ou de la terre de fourmilières, qu'elles ne mangent que dans le temps où la neige et les frimats couvrent l'herbe, et les empêchent de pacager, ou que leur santé est dérangée (le peu de temps que dure cette saison rendra toujours facile de les en priver), la maladie ne sera jamais difficile à guérir, et ne sera jamais mortelle, si on la traite assez à temps.

Ces mêmes causes occasionnent un dérangement général de la circulation du sang et de la lymphe, qui, se trouvant gênée, ne se fait que difficilement. La transpiration n'ayant plus lieu aussi librement, le liquide suintant des petits folécules qui communiquent aux petits tubes de la laine, ne se développe plus dans la peau, ce qui produit son altération, son changement de couleur, sa sécheresse, le peu de tenue de la laine, et l'état de souffrance qui se fait si visiblement apercevoir.

Ces mauvaises nourritures séjournent dans l'estomac, leur trop grande quantité, leur qualité malfaisante et toutes les différentes causes énumérées interrompent la digestion, occasionnent une fermentation putride qui donne lieu et qui contribue à la naissance et au développement des différens vers qui s'engendrent ou s'introduisent dans le corps et les intestins ; comme *le tænia* (ver solitaire), les œstres, le hamulaire, les filaires, les douves du foie (les bergers des Pyrénées les nomment *las sancurros*), l'hydatide vervécine qui se trouve au foie et à la rate.

La propagation de tous ces vers a lieu pendant cette maladie, et ils en deviennent une cause bien aggravante ; leur présence contribue davantage à déranger la digestion ; pour la plupart, ils produisent des œufs; et leur présence réelle, quoique difficile à concevoir, n'en est pas moins certaine. Il est difficile de s'expliquer s'ils prennent naissance spontanément, s'ils viennent du dehors, ou s'ils naissent avec la brebis ; c'est un secret de la nature qu'il est difficile de pénétrer. Les faits des observations ont été détruits successivement les uns par les autres ; on n'a encore rien de certain à cet égard ; mais ce qui ne peut être douteux, c'est leur existence pendant la maladie de la pourriture (1) : tous ne se rencontrent pas toujours à la fois, mais ordinairement le tœnia, les filaires, le hamulaire et les douves, quelquefois l'hydatide. La recherche des moyens que la nature emploi pour introduire les vers intestinaux, n'est pas l'objet le plus essentiel ; la connaissance de leur existence ayant aidé d'une manière satisfaisante à connaître la maladie et les moyens de la prévenir et de la guérir, le but le plus important se trouve suffisamment rempli.

Malgré l'apparence de phénomène que peut avoir l'existence de tant de différens vers dans le corps des brebis, pendant le cours de cette maladie, des circonstances basées sur l'expérience

(1) Les autopsies qui ont été faites, ne peuvent laisser aucun doute sur l'existence de ces différens vers : on peut facilement vérifier cette existence et faire disparaître toute incertitude qui pourrait s'élever à cet égard.

peuvent donner de la consistance à la présomption de leur introduction due aux différens accidens qui y donnent lieu ; d'abord la remarque du plus grand nombre des douves qui se rencontrent dans les conduits bilières ; celle, faite par les marchands de moutons, de la grande mortalité des brebis, qui a ordinairement lieu dans les années où on aperçoit à la feuille des arbres, arbustes et certaines plantes, mais plus particulièrement à la feuille du chêne, des taches ou excroissances de la forme et de la grosseur d'une lentille, peut donner lieu à une grande présomption en faveur de l'introduction de ces vers. L'importance que l'expérience leur fait attacher à l'existence de ces taches, quoiqu'ils ne puissent s'en rendre aucune raison, porte les marchands à se défaire assez ordinairement de leurs moutons, dans les années où ils les aperçoivent.

Bien que ces remarques puissent paraître d'une petite considération au premier aperçu, il est cependant certain qu'envisagées sous un point de vue réfléchi, elles peuvent être considérées comme d'une grande importance.

En effet, ces taches ne sont que le produit d'une excrétion occasionnée par la piqûre qu'un ver fait à la feuille en y déposant le germe de sa régénération, qui, introduite dans la sève, croît avec la végétation; plus tard, il sort de l'intérieur de cette excrétion un ver à forme longue, à plusieurs anneaux. Il se forme sur d'autres feuilles du chêne une peau grisâtre qui recouvre un ver fixé sur la feuille, dans une position qui paraît immobile, d'une forme plate et d'une couleur un peu plus foncée que celle de la peau qui le recouvre. Il en existe à la feuille du saule, dans des excroissances à forme longue, très adhérentes et incrustées à la feuille, de manière à ce qu'elles ne peuvent en être détachées sans la déchirer; ils sont de la forme de ceux des lentilles des feuilles de chêne, mais plus grands. Toutes ces excroissances et ces vers avalés avec la feuille et avec l'herbe sur laquelle ils tombent, peuvent nuire à la santé, produire la corruption des organes, et donner lieu à la propagation et à l'introduction des différens vers qui assiègent les brebis pendant la maladie de la pourriture.

Les excroissances qui renferment ces vers ne doivent pas être confondues avec les galles ou globules que l'on trouve sur les feuilles de tilleul, de peupliers, de chêne, qui renferment des familles entières de pucerons.

Les différens accidens qui ont été signalés occasionnent, à raison des mauvaises digestions qui en sont la suite, *la fermentation putride qui convient* à la nature des vers intestinaux, ainsi qu'à leur développement et à leur existence, et peut participer à leur introduction et à leur propagation dans le corps des animaux malades, particulièrement chez la brebis, à raison de ses humeurs, de ses mucosités, de son sang épais, des pertes qu'elle éprouve, et de ce qu'on l'assujettit à vivre dans toutes les saisons, exclusivement du pacage, soit que ces vers soient ovipares ou vivipares, surtout si quelqu'un de ceux que recellent les plantes ont été avalés sans être assez broyés, lorsqu'ils ont trouvé le corps qui les a reçus préparé à leur fournir un moyen d'existence convenable à leur nature, qui peut aussi les attirer du dehors et de tout autre lieu par l'odeur qui s'en exhale, et aller jusqu'au loin les chercher, leur offrir un naturel séjour, et une convenable nourriture. Il en existe, dans l'espèce zoophite, qui n'ont pas de sexe séparé; il en est chez lesquels les sexes sont réunis; il en est d'autres qui ne présentent aucune distinction de sexe, une partie quelconque séparée du reste du corps, pouvant reproduire l'individu tout entier.

On conçoit facilement que tous les vers ne puissent pas toujours vivre, ni prospérer dans le corps des animaux; la chaleur des corps robustes et l'action de la digestion s'opposent à leur existence, les repoussent, les expulsent et les font périr; mais dans des corps affaiblis et atteints de corruption, où tout est froid, et toute action interrompue ou suspendue, où ils trouvent un appât convenable à leur existence et à leur prospérité, il est aisé de concevoir la facilité avec laquelle ils peuvent y prospérer : tel est l'état dans lequel les brebis sont entraînées par les accidens auxquels elles sont exposées, si on les laisse arriver à un degré de faiblesse qui les rende impuissantes pour se préserver ou pour se débarrasser de pareils ennemis intérieurs, avec lesquels elles ne pourraient vivre, et dont elles ne sauraient se débarrasser que par les secours qu'il convient de leur donner, ou par les secours de la nature au retour de la belle saison et de la nouvelle végétation.

On ne saurait présumer que ce soit ces différens vers qui occasionnent la maladie ou qu'ils en soient l'origine; mais bien que la maladie les occasionne, en effet, s'ils naissent avec la brebis ou qu'ils lui soient naturels, la nature elle-même a dû leur assigner un point d'arrêt qu'ils ne peuvent dépasser dans un état de santé bien réglée. S'il en était autrement, les brebis ne pourraient vivre que pendant un temps donné, c'est-à-dire jusqu'à ce que ces vers eussent atteint leur état de perfection, qui les rendrait nuisibles, et dont les époques ne pourraient offrir de grandes variations; tandis que la présence de ces vers ne se fait sentir et ne devient dangereuse qu'avec les causes accidentelles qui ont été indiquées, qui occasionnent la maladie; ce qui démontre évidemment que leur développement, leur existence et l'état de perfection qu'ils acquièrent, ne sont dus qu'à ces mêmes causes, soit qu'ils naissent avec la brebis, qu'ils lui soient naturels ou qu'ils s'introduisent du dehors. S'il pouvait s'élever quelque doute à cet égard, les faits matériels qui sont connus, seraient plus que suffisans pour les dissiper.

D'abord, les différentes époques et les saisons dans lesquelles se contracte cette maladie, dans les années de longues pluies, des hivers rigoureux, et avec plus d'intensité parmi les troupeaux mal logés, mal soignés, et ceux qui séjournent et se nourrissent dans les valons, les bas-fonds humides, où l'atmosphère est plus susceptible de faire sentir les effets de ses mauvaises variations, qui contribuent à la détérioration des plantes, à la propagation d'une infinité d'insectes, de vers et de chrysalides, qui se conservent parmi les plantes sans que la rigueur d'aucune saison leur porte atteinte; surtout lorsqu'elle est mêlée de chaleur et d'humidité qui constituent un air échauffé; particulièrement la guérison sans aucun remède des brebis qui sont atteintes plus tard, ou des plus robustes qui peuvent arriver au renouvellement de la saison, qui donne aux pacages un principe de nourriture substantielle et tonique, qui rétablit leur force et les guérit sans aucun autre secours, sont des conséquences qui ne peuvent laisser douter que le développement de ces vers tient à des causes accidentelles qui occasionnent cette maladie. — L'air atmosphérique étant variable et n'étant pas partout le même, il n'est pas toujours rare que la maladie n'existe pas dans des endroits très rapprochés de ceux où elle exerce ses ravages ; cette circonstance peut tenir aussi aux différentes positions, et à la différente qualité des pacages, et aux soins que l'on prend des brebis.

D'autres causes particulières altèrent la santé des brebis et contribuent à une disposition de la maladie, car tout ce qui l'altère contribue à cette disposition ; ce sont les vices de construction des bergeries, qui les rendent mal saines, et que l'on en rend d'avantage en y laissant séjourner le fumier, par l'habitude trop généralement suivie de ne l'en retirer qu'une ou deux fois chaque année.

§ 4.

MOYENS PRÉSERVATIFS.

On préservera les bêtes à laine de cette désassastreuse maladie, en évitant toutes les causes qui en sont occasionnelles ; on évitera ces causes en les logeant dans une bergerie construite de manière à ce qu'elle soit saine et bien aérée, en les détournant de la pluie, de la rosée, du brouillard, des pacages gras et humides, des ravins et de tous les endroits où les pluies entraînent des terres, des rivières sujettes aux débordemens; en augmentant leur nourriture vers le mois d'octobre, ou, au moins, de novembre (époque à laquelle s'ouvre le danger de la maladie), par une quantité de fourrage sec de bonne qualité, qu'on devra leur donner chaque matin, pour rétablir l'équivalent de la nourriture que les plantes ne possèdent plus, à raison de la diminution nutritive que la saison fait éprouver à l'herbe des pacages; en augmentant insensiblement la quantité du fourrage en proportion de la mauvaise saison et du temps que le troupeau peut rester dehors pour pacager, selon ses besoins, pendant la journée, jusqu'à deux livres, lorsque le mauvais temps ou toute autre circonstance les empêche de sortir; (1) en leur donnant pendant huit jours, de chaque mois, deux gros de sel, quatre jours de suite, chaque quinzaine; pendant le même temps, deux gros de souffre lavé, à partir du premier novembre jusqu'au premier février. (2)

(1) M. Ternaux a établi par des calculs comparatifs que le terme moyen de la nourriture des animaux à toison était 2 1/2 pour cent par jour et par tête; c'est-à-dire, que si l'animal pèse 80 livres, il en consommera 2 de fourrage; ce qui peut faire connaître à peu-près que deux livres de fourrage suffisent à chaque brebis d'une passable grandeur, lorsqu'elles restent à la bergerie sans aller au pacage. Il y a de très grandes brebis qui pourraient en avoir besoin davantage; mais les brebis ordinaires n'en mangent pas toujours deux livres.

(2) S'il arrive que la laine tombe ou qu'il s'en détache quelque brin, il faut s'empresser de donner du soufre, dans quel temps de l'année que ce soit. La perte de la laine étant toujours un signe de l'altération de la peau, le soufre la rétablit en peu de temps dans un état convenable à la conservation de la laine.

Dans la saison rigoureuse du gros hiver, il convient de donner à chaque brebis un petit ordinaire d'avoine, pendant les mois de décembre, janvier et février. L'avoine ayant la propriété d'agir comme un fortifiant et comme un puissant tonique qui renouvelle les forces, elle produit toujours d'excellens effets, pour prévenir et pour guérir la maladie de la pourriture dont le principal caractère est la faiblesse. La quantité doit en être réglée d'après le besoin qu'on en reconnaîtra, et d'après la quantité et la qualité du fourrage qu'on fera manger au troupeau; quatre onces (un quart de livre), peuvent être considérées comme une ration suffisante, lorsque le troupeau est en assez bon état; la plus forte est de demi-livre; elle n'est nécessaire que lorsque le mauvais état du troupeau peut faire naître quelque crainte de la maladie.

Le fourrage et l'avoine devront toujours être donnés le matin; les brebis ayant moins de faim après qu'elles l'auront mangé, pourront faire choix de bonnes plantes, et laisser celles qui leur sont nuisibles, dont la faim leur fait surmonter le mauvais goût.

La luzerne est de tous les fourrages celui qui est à préférer pour les brebis; c'est une espèce de trèfle qui a été confondu avec le sainfoin et le trèfle des prés par les anciens, et qui l'est encore dans bien des localités; elle a la fleur purpurine et violette, la graine très menue et jaune, les

Planche 1.

Fig. 2. le Sainfoin.

Fig. 1 la Luzerne.

tiges hautes de deux pieds et rameuses; lorsqu'elle est montée en fleurs et en graines, la racine longue. Pour faire éviter toute confusion et la bien faire distinguer du sainfoin, la description en est donnée à la planche Ire, figure Ire, et celle du sainfoin, même planche, figure IIe. Elle est très nourrissante, elle engraisse les animaux et les rend vigoureux; on lui a attribué par erreur d'être de trop difficile digestion. Elle doit être considérée comme légèrement excitante et purgative. L'excès, lorsqu'on la donne en fourrage frais, en est souvent funeste aux bestiaux. Ces tiges contiennent beaucoup d'air et d'humidité; la chaleur intérieure les fait dégager précipitamment, et les capacités des intestins ne pouvant suffire à ce dégagement, les animaux en éprouvent la maladie de la tympanite et des coliques venteuses; mais lorsqu'elle est sèche, elle ne contient pas la même quantité d'air et d'eau, et elle ne présente aucun danger pour les brebis. Si on en donne en fourrage frais, il faut la couper par avance et avec le temps sec. (1) Il ne faut

(1) Il n'est pas inutile de dire quelque chose sur le météorisme ou tympanite, en indiquant les moyens d'y remédier. Ces accidens arrivent lorsque les bêtes ont mangé une certaine quantité de fourrage frais, surtout lorsqu'il est encore couvert de rosée et lorsqu'on les laisse paître dans les pâturages frais, gras et humides, surtout pendant le printemps et la fin de l'automne. Les fourrages verts et l'herbe des pâturages contenant beaucoup d'air et d'eau dans ces deux différentes saisons, et les animaux

jamais la laisser pacager; la morsure des animaux est très nuisible à sa production.

Le fourrage doit toujours être récolté dès qu'il commence à être en fleur, et la luzerne un peu avant sa floraison; si on laisse grainer le fourrage, les brebis choisissent les cosses et la graine, et font perdre une grande partie de l'herbe; il perd aussi de sa qualité en le laissant trop sur pied.

La luzerne est le meilleur et le plus abondant fourrage; elle est très nourrissante; dans la bonne terre, on la coupe jusqu'à cinq fois; elle dure quinze ou vingt ans. Comme elle craint le froid, on ne la sème qu'au mois d'avril ou de mai, dans une terre bien labourée, bien nette

les mangeant avec beaucoup d'avidité, ils en périssent assez promptement, si on ne se hâte de leur donner du secours. — Le moyen employé dans les campagnes de certaines contrées consiste à faire une ouverture avec un canif ou un couteau aux parois de l'abdomen (du ventre), afin de donner issue au gaz qui distend le corps de l'animal. Ce moyen est souvent insuffisant, parce qu'on n'a pas toujours assez d'expérience pour diriger cette ouverture. M. le comte Louis de Villeneuve, dans son manuel d'agriculture, indique le trocar pour percer la panse, et la manière de s'en servir; mais il fait observer qu'ayant fait usage plusieurs fois de cet instrument, il n'en a obtenu qu'une seule fois du succès. La thériaque, l'orviétan avec un verre de vin réussissent très bien (on en met de la grosseur d'une fève). Mais le meilleur remède est l'emploi de l'ammoniaque indiqué par M. Thenard; on en mêle une demi-cuillerée sur un verre d'eau pour une grosse brebis (la dose doit être proportionnée à la grosseur de la et bien unie : on met environ vingt-deux kilogrammes de graine (45 livres de 16 onces) pour un hectare de terre ; il faut la semer également, pour qu'il n'y ait point de place vide.

Il ne faut pas trop laisser durcir la luzerne avant de la couper ; les animaux ne la mangent pas bien lorsqu'elle a durci sur pied ; elle n'abonde pas autant, parce qu'elle perd ses feuilles qui la garnissent et l'accompagnent jusqu'à ce qu'elle monte en fleurs. Il faut toujours la couper, lorsqu'on veut la faire sécher, à l'époque où elle approche de sa floraison.

La seconde herbe de la luzerne est sujette à certaines chenilles noires qui s'y engendrent par

bête), et on lui fait avaler ce mélange. Les accidens qui accompagnent le météorisme diminuent de suite, et au bout d'une heure la santé est rétablie.

L'éther sulfurique produit les mêmes effets, mais le prix en est trop élevé.

Le météorisme étant ordinairement accompagné d'apoplexie qui fait promptement périr les brebis, sans donner le temps de recourir aux remèdes ci-dessus, il convient de faire de suite une saignée. La plus facile est de couper le bout d'une oreille ou d'en fendre environ demi-pouce, et d'y frapper dessus avec une petite baguette pour faire saigner. Il est bon de faire usage de ce moyen dans tous les cas de météorisme, parce qu'on ne peut jamais se promettre qu'il n'existe pas d'apoplexie. La saignée seule réussit le plus souvent. On considère la saignée sous la queue ou à la veine du bras comme meilleure, mais il est peu de personnes qui sachent la faire. On devra les faire connaître aux bergers.

les grandes chaleurs. On a indiqué comme unique remède de la faucher aussitôt qu'on s'aperçoit qu'elle blanchit à l'extrémité, sans attendre qu'elle soit en fleur. Cette blancheur se forme dès que les insectes ont commencé à piquer l'herbe; et elle n'est pas plutôt coupée, que les chenilles meurent ou disparaissent, en sorte que la troisième herbe, qui n'est pas trop retardée, vient assez vite et remplace bien la seconde.

En ne retardant pas trop les premières coupes sur pied, on gagne beaucoup sur les suivantes.

Lorsqu'on n'aura pas assez de luzerne, on pourra y ajouter d'autre fourrage, ou du foin récolté dans de bonnes prairies sèches; mais il faut bien se donner des gardes de faire manger aux brebis du foin terré ou vasé; la poussière qu'il contient est une cause d'accidens dangereux; elle produit un dérangement de l'économie animale, donne lieu au marasme et contribue à la maladie de la pourriture. Le foin gras et celui des rivières ne convient pas aux brebis, lors même qu'il ne serait ni sablé ni terré; il leur donne de la graisse, mais point de force ni de santé; le regain vaut encore moins, c'est une nourriture molle et mal saine. La gesse, la vesce, le trèfle de Hollande, le trèfle rouge (farrouch), le sainfoin, peuvent être employés comme accessoires à la luzerne. Le fourrage de carottes serait très-bon pour les brebis dans toutes les saisons; elles viennent de bonne heure au printemps; on pourrait les leur faire manger fraîches dans cette saison : elles sont le meilleur fourrage après la luzerne.

Dans les années de trop grande sécheresse, l'herbe devient rare dans les champs et dans tous les pacages, et elle se trouve détériorée par les grandes chaleurs. Le peu de temps que les brebis ont alors pour pacager, à raison de l'habitude qu'elles ont de se grouper pour se garantir des mouches, dès que l'ardeur du soleil commence à se faire sentir, ne leur donne pas le temps de se pourvoir d'une nourriture suffisante, ce qui pourrait occasionner la maladie (malgré qu'elle soit bien rare dans cette saison), ou en développer le germe ou en devancer l'époque dans le temps du danger. Il convient dans ces circonstances de leur donner quelque nourriture, à l'étable; quelque peu de fourrage peut suffire. Le fourrage frais est préférable dans cette saison, comme rafraîchissant; mais il faut le donner en petite quantité; si on en donnait trop, le troupeau prendrait trop de graisse, et il y aurait danger de le perdre lorsqu'elle viendrait à diminuer. Les brebis trop grasses étant exposées à la maladie de la pourriture, il est prudent de s'en défaire lorsqu'elles ont pris trop de graisse (parce qu'il est rare qu'elle se soutienne); c'est alors qu'on en tire bon parti; il y aurait du danger à les garder, il serait rare qu'elle ne fussent pas sujettes à la nécessité d'un traitement; ou du moins il faut entretenir leur embonpoint dès qu'elles l'ont acquis.

En général, les possesseurs de brebis, pour remédier à l'inconvénient de la perte de temps qu'elles éprouvent pour pacager dans le fort de l'été, et pour se dispenser de les panser à l'étable, les font conduire au pâturage pendant la nuit, ou au point du jour, pour qu'elles aient le temps de se bien rassasier avant que l'ardeur du soleil les en détourne, et les laissent le soir fort tard au pâturage. Cette méthode que les marchands de moutons mettent en usage pour engraisser ceux qu'ils veulent vendre, est très bonne pour engraisser les brebis que l'on veut vendre aux bouchers, mais elle est très dangereuse pour celles qu'on se propose de garder, parce qu'il est rare qu'elles engraissent impunément par cette méthode, qui les expose à périr, étant une cause infaillible de la pourriture. On voit quelquefois les bêtes engraissées par ce procédé périr avant d'avoir eu le temps de maigrir, et dans un état d'obésité que l'on prend, par erreur, pour un état d'embonpoint et de santé parfaite; tandis que ce n'est qu'une mauvaise graisse qui entraîne un état de gêne, de souffrance et de faiblesse toujours dangereux. Comme on trouve parmi les moutons que l'on tue dans cet état des douves, on en a induit qu'elles ne sont pas dangereuses, ni même nuisibles, qu'elles sont naturelles à l'existence des brebis. Mais cette induction n'est qu'une erreur, et on doit demeurer convaincu que si ces moutons eussent été gardés, la maladie se serait développée et les aurait faits périr, et même quelquefois sans qu'ils eussent le temps de maigrir, tant cette manière de les engraisser est dangereuse à raison de la rosée, des vers et des insectes qui se logent parmi les plantes durant la nuit, et qui n'en sortent que lorsque le soleil du matin les engage à chercher une demeure qui leur convienne mieux pendant le jour. Le développement des accidens ayant lieu pendant que les brebis prennent cette mauvaise graisse, particulièrement les douves, les brebis périssent quelquefois avant qu'elles aient le temps de la perdre.

Pour peu que l'on fasse attention à la multiplicité des douves qui se développent dans le foie, en proportion des progrès de la maladie, il est facile de concevoir que les brebis ne peuvent vivre lorsqu'un organe aussi essentiel à la vie se trouve rongé et décomposé par les douves; c'est un fait qui se démontre trop naturellement pour qu'il puisse être mis en doute.

Les glands, comme amers, pourraient être considérés comme un remède contre la maladie de la pourriture; ils sont cependant dangereux lorsqu'il y en a en trop grande quantité. Les brebis en étant très friandes, en mangent beaucoup et en ont des indigestions; il s'en conserve par terre, sous les feuilles, qui s'imprégnent d'eau et de glace, qui les rend malfaisans et dangereux ; ils contiennent un ver que les brebis peuvent avaler sans le broyer assez, ainsi que les œufs qui peuvent devenir dangereux dans le corps. Le danger étant au-dessus du bien qu'on pourrait en attendre, il est bon de les en priver. Ils ont encore l'inconvénient de les engraisser trop, et d'occasionner aussi pour cette raison le danger de les perdre, lorsque cette graisse trop abondante vient à diminuer, ce qui arrive toujours lorsqu'elle n'est plus soutenue par cet aliment. Il est donc fort à propos d'empêcher les brebis d'aller au bois, à partir du mois de septembre jusqu'au mois de février ou de mars, pour éviter le danger qui peut provenir de l'abondance des glands et des excrétions qui viennent aux feuilles.

Une erreur bien funeste pour les brebis est produite par l'ignorance presque généralement répandue parmi ceux qui en prennent soin, qui leur fait croire qu'elles ne peuvent vivre sans être journellement mises dehors, et qu'elles sont en danger de mourir si elles restent quelques jours sans aller au pacage.

Cette erreur doit disparaître devant la certitude qu'il n'y a aucun danger à craindre du temps que les brebis ont besoin de rester à l'étable pendant le mauvais temps, pour bien qu'il soit de longue durée, pourvu qu'elles y soient bien soignées, bien nourries, et qu'on leur donne de l'eau de bonne qualité (celle de marnière est la meilleure); l'avantage de les nourrir à l'étable est démontré par l'expérience; cet avantage serait précieux, même dans toutes les saisons de l'année. M. le comte de Neufchâteau donnait cette leçon en 1777. Le journal des propriétaires ruraux rapporte qu'un propriétaire entendu dans l'éducation des bêtes à laine, de Berleau, essaya de perfectionner leur éducation en suivant la manière de les nourrir à l'étable tant en été qu'en hiver. Pour connaître le résultat de son expérience, il colloqua une partie de ses brebis dans une bergerie séparée, et là, il les nourrit pendant l'été de trèfle en herbe, et pendant l'hiver de trèfle en foin. Non seulement les brebis composant cette partie du troupeau furent plus vigoureuses, plus saines que celles que l'on avait mené paître, selon la coutume, mais encore elles furent d'une laine meilleure et plus longue; et leurs agneaux plus beaux, plus gros et plus forts, donnèrent une laine plus forte et meilleure. La même expérience faite dans la principauté de Schweidnitz y a obtenu le même succès. Nous avons fait l'expérience de ne jamais laisser sortir nos brebis pendant l'hiver; cela a toujours très bien réussi.

La dépense de la nourriture à l'étable pendant le mauvais temps, et autant que cela est nécessaire, n'est pas bien coûteuse, et les frais ne doivent pas en être regrettés. Dans l'administration d'une bonne agriculture et du soin d'un troupeau, cette méthode devrait toujours commencer vers la fin du mois d'octobre, ou dès le commencement de celui de novembre, époque à laquelle les plantes et les feuilles des arbres perdent leurs qualités nutrives, recèlent une infinité d'insectes, de vers, d'œufs et de chrysalides, qui contribuent, ainsi que le changement de saison, à détériorer les pacages. On pourrait toujours se procurer le fourrage nécessaire sans beaucoup de difficultés et sans beaucoup de dépenses, en prenant le soin d'en semer tous les ans sur les terres qui seraient en jachère pendant l'intervalle qu'on n'y sème pas du froment, et en faisant une luzernière, (1) on serait largement rédimé de ses petits soins par la conservation des troupeaux, par leur beauté et par les profits qu'ils produiraient.

« Plus de graisse dit M. de Neufchâteau, plus » de laine et de meilleure qualité, plus de fu» mier et d'une bonté supérieure, infiniment » moins de maladies parmi le troupeau, si les éta-

(1) Il ne faut pas négliger de faire la luzernière; elle fournira le meilleur fourrage et le plus solide en production. Il arrive souvent que les autres fourrages ne produisent pas beaucoup, lorsque les gelées viennent tard, ou que le printemps est trop sec. En adoptant un assolement convenable, on pourrait se procurer sans difficulté le fourrage nécessaire pour nourrir les brebis toute l'année à l'étable.

» bles sont convenablement construites et soi-
» gnées. Ces bénéfices sont considérables et mul-
» tipliés. »

Les profits plus ou moins grands que l'on peut retirer des bêtes à laine étant subordonnés à la beauté de l'espèce qu'on élève et à la qualité de la laine, il est du plus grand intérêt de s'attacher à élever de ces espèces; mais les causes qui les rendent plus accessibles à la maladie, les dépenses qu'occasionnent les plus grands soins qu'elles exigent pour les préserver de la maladie de la pourriture à laquelle elles sont plus sujettes, et le prix plus élevé qui en rend la perte plus sensible, empêchent qu'on ne s'attache à l'éducation de ces espèces, et font qu'on se livre, sans égard pour les résultats, à des espèces dont les profits sont bien moindres.

Si au lieu de s'arrêter à toutes ces craintes, on s'attachait à calculer l'étendue des avantages qu'on pourrait retirer de belles espèces, on n'hésiterait pas à leur donner la préférence, et les dépenses pour les plus grands soins qu'elles exigent seraient rachetées par des bénéfices considérables.

La dépense de chaque brebis devant être d'une livre de fourrage par jour, l'un dans l'autre, lorsqu'on les laissera aller au pacage (1), à par-

(1) Lorsque le temps est beau et que l'on veut conduire les brebis au pacage, demi-livre de fourrage suffit pour

tir du 15 octobre jusqu'au 15 mars, ce qui fait cent cinquante jours, cet objet se trouverait rempli en sacrifiant un hectare de terre pour une luzernière qui, bien soignée, produirait 60 ou 80 quintaux à chacune des deux premières coupes, et 40 ou 50 à la troisième. (Les coupes n'étant pas d'aussi bonne qualité après la troisième, elles serviront pour le gros bétail). Cette quantité serait plus que suffisante pour un troupeau de cent brebis. En supposant que cette terre soit d'assez bonne qualité pour produire dix pour un en froment, les deux hectolitres qu'on y sèmerait en produiraient 20, qui, au prix ordinaire de 15 francs l'hectolitre, donneraient un total de 300 francs; mais comme il est d'usage de laisser au moins une année d'intervalle sans semer du froment à la même terre, ces 300 francs se réduisent à 150 francs par année. Tel serait le sacrifice fait pour alimenter un troupeau de 100 brebis, ce qui ne revient qu'à 1 fr. 50 c. pour chacune, pour les 150 jours indiqués. (Le produit du légume ou du maïs qu'on pourrait semer à cette terre devant être compté pour les frais des travaux ou la portion du colon, ne doit pas être compris en augmentation de la somme de 150 fr.) Que l'on ajoute quatre onces d'avoine

chacune. Si le temps empêche de les y conduire, il en faut 2 livres. On peut en même temps leur donner de la paille pour les amuser.

par jour, pendant les mauvais mois de l'hiver, décembre, janvier et février, à 6 fr. l'hectolitre, une année dans l'autre, la dépense pour cet objet sera de 1 fr. 20 c. pour chacune, ou environ 1/20e d'hectolitre, et formera la somme totale de.. 120 fr.
qui jointe à celle du fourrage.......... 150 fr.
s'élèverait à.................................... 270 fr.

La somme de 120 francs pour l'avoine pourrait être diminuée de beaucoup, si on en semait sur le domaine pendant l'intervalle où les terres ne sont pas semées en froment; alors l'avoine ne serait presque d'aucune dépense. Le sel à 28 fr. l'hectolitre ne s'élèverait qu'à 28 centimes pour chacune, ou 28 fr. par année pour les 100 brebis.. 28 fr.

Le soufre à 50 centimes la livre s'élève à 12 centimes pour chacune, ou 12 fr. pour les 100 brebis.............. 12 fr.

Les deux sommes réunies aux........ 270 fr.
ne reviendront qu'à...................... 310 fr.

En considérant ce que ces dépenses les plus coûteuses peuvent produire de bénéfice, en donnant la faculté d'élever des bêtes à laine de belle espèce et de belle qualité, et en les préservant de la maladie de la pourriture, il est facile de reconnaître quels seraient les immenses avantages qu'on obtiendrait en élevant de ces espèces, et quelle serait la supériorité de ces profits, comparés à ceux des brebis ordinaires dont on ne prend aucun soin, et pour lesquelles on ne fait aucune dépense.

Si on élève par exemple un troupeau de cent brebis, du prix de 20 francs chacune, qui formeront un capital de 2,000 fr. (les brebis de ce prix sont d'espèce de beaux métis), soignées de la manière indiquée, le produit de chaque toison sera de six livres de laine pour le moins, et souvent de huit livres. Le plus bas prix de cette qualité étant de 1 fr. 25 c. la livre, les six livres s'élèveront à 7 fr. 50 c., et formeront pour les 100 brebis un total de... .... 750 fr.

sans aucun frais de lavage. Le prix des agneaux que l'on vendra à l'âge de 18 mois, ou qui remplaceront les brebis qui devront être renouvelées, sera pour le moins de 12 fr. chacun. Avant leur vente, ils auront fourni de la laine pour la valeur de 10 fr. (à la première tonte ils en fournissent plus qu'aux subséquentes), ce qui en élève le prix à 22 francs et forme une somme de.............................. 2200 fr.

Cinquante chars de bon fumier, du prix de 4 fr. le char..................... 200 fr.

Total.................................. 3150 fr.

Les frais à déduire de cette somme se composent de la nourriture du berger............ 100 fr.

Les gages du berger......... 120 fr.

Report.....		3150 fr.
Le fourrage, l'avoine, le sel et le soufre....................	310 fr.	
1/8 de perte qui peut arriver sur les agneaux................	275. fr. (1)	
1/10 de perte sur les brebis si on néglige de les renouveler.	200 fr.	
Somme à déduire............	1005	1005 fr.
D'où le bénéfice se réduit à la somme de....................		2145 fr.

Devant garder les agneaux 18 mois, il faut compter pour un an la même dépense en proportion du nombre que pour les brebis. Comme ils ne font pas de dépense les six premiers mois, 200 fr. suffiront pour leur entretien. Leur bon fumier représentant la moitié de cette somme, il n'y aura à retrancher

pour cet objet que..........	100 fr.
et le bénéfice restera fixé à	2045 fr.
qui représente un intérêt de..........................	102 f. 25 c. pour 100.

Les brebis ordinaires du prix de 6 fr., pour lesquelles on ne fait aucune dépense, ne rapporteront le plus souvent que 2 livres de laine, une année dans l'autre, qui diminue par le lavage avant la vente, ordinairement de la moitié. Il est

(1) Cette perte est un peu exagérée, il sera rare qu'on l'éprouve; elle est ainsi portée pour estimer tout d'après le plus grand risque.

rare que le prix de cette laine lavée s'élève à plus de 1 fr. 50 c., ce qui ne représente qu'une somme de.................................... 150 fr.

Les agneaux se vendent, quelqu'un à 6 fr., mais il s'en vend aussi à 3 fr., à 2 fr. 50 c., ce qui revient, l'un dans l'autre, à 4 fr., et forme une somme de 400 fr.

25 chars de fumier à 4 fr............ 100 fr.

Total.................................. 650 fr.

On ne pourrait que rarement garder les agneaux un an, sans s'exposer à un grand mécompte; étant mal nourris, ils ne profitent pas, ils portent préjudice aux brebis qu'ils épuisent en les tètant trop long-temps; ils les font dépérir et en diminuent le prix.

Les frais et dépenses à déduire de cette somme de............		650 fr.
se composent de la nourriture du berger	100 fr.	
Ses gages.........	60 fr.	
1/3 de perte des agneaux.............	133 fr. 33 c.	
1/8 de perte sur les brebis qui restent exposées à la maladie de la pourriture, à raison du défaut de soin et d'autres accidens qui les font		

Plan de la Bergerie, (nord.)

Planche 2me.

2

1. Plan général.
2. Élévation sur Bergerie d'hiver.
3. Portes et murailles des séparations des Bergeries et infirmeries d'un mètre et demi de hauteur à partir du seuil. Les portes devant être placées sur un seuil de 17 centimètres de hauteur.

A. Bergerie d'été pour les moutons et les Beliers.
B. Bergerie d'été pour les Brebis.
C. Bergerie d'hiver pour les moutons et les Beliers.
D. 1er Compartiment d'hiver pour les Brebis.
E. 2me Compartiment d'hiver pour les Brebis.
G. Infirmerie.
H. Chambre du Berger.

A B C D E G H

1

1 2 3 4 5 ... 45 mètres

Report.....		650 fr.
mourir................	75 fr.	
Total à déduire...	368 fr. 33 c.	368 fr. 33 c.
D'où le bénéfice n'est que de.........		281 fr. 67 c.
qui ne représente que.....................	46 fr. 94 c. pour 100.	

D'après toutes ces considérations, il n'est pas difficile d'apprécier les immenses avantages que l'on peut obtenir d'élever de belles espèces de bêtes à laine, de les bien entretenir et de les bien soigner, puisque au moyen d'un capital de 2,000 fr. on peut obtenir un revenu de 2,045 fr., qui représente un intérêt de 102 fr. 25 c. p. 100, et qu'un même nombre de brebis qu'on élève sans soins et sans dépenses ne donnent qu'un revenu de 281 fr. 67 c., qui ne représente qu'un intérêt de 46 fr. 94 c. p. 100. Si on élevait des espèces superfines, elles donneraient bien plus de profit sans occasionner plus de dépenses.

DES BERGERIES.

La salubrité des bergeries étant d'une grande importance pour la prospérité des bêtes à laine, il convient d'indiquer la manière dont elles doivent être construites; nous donnerons pour cette indication un plan de construction. La bergerie doit être grande, bien aérée, construite autant que possible sur un terrain plus élevé que celui qui l'entoure; si la localité ne se prête pas à cette élévation, on devra y suppléer par un transport de terre, pour former une hauteur intérieure de 4 à 6 pouces; en employant à ces fins de la marne, elle aurait la propriété d'absorber les urines en se dissolvant, et de détruire leur mauvaise odeur et leur effet contraire à la salubrité de la bergerie; et en la renouvelant chaque mois, on aurait en outre l'avantage de s'en servir pour fertiliser les terres froides et faibles, et notamment les terres sablonneuses et les boulbènes; en employant le sable, on en fertiliserait les terres fortes. A défaut de marne et de sable, on peut se servir de telle terre qu'on jugera convenable à son choix. Il sera toujours bon de ne pas se priver de ce moyen de féconder les terres, lors même que la bergerie se trouverait sur un terrain élevé.

La chambre à coucher du berger doit être attenante, pour qu'il soit à portée de donner les soins nécessaires aux brebis la nuit, surtout à la saison où elles agnèlent; il est de la plus grande utilité de se procurer un berger docile, intelligent, et qui ne soit point paresseux. La bergerie doit être placée assez à portée de l'habitation du maître, afin qu'il puisse y exercer toute sa surveillance; le berger en sera plus attentif aux soins qu'il devra donner au troupeau.

On fait trop souvent la faute, lorsqu'on construit les bergeries, soit par indifférence ou par une aveugle prétention d'économie, de ne pas réserver tous les compartimens nécessaires et tout ce qui y est utile.

Cette construction dont la forme est très essentielle, sera présentée comme une formule d'une bergerie de deux cent brebis, susceptible d'être agrandie ou diminuée dans ses dimensions, d'après le nombre ; elle ne sera jamais bien dispendieuse, les murailles n'étant jamais bien hautes, ayant assez de 50 centimètres d'épaisseur, et le mortier de terre glaise, ou toute autre dont on a l'habitude de se servir dans les diverses contrées, étant suffisant. La ferrure ne sera pas d'une grande dépense, les portes pouvant être sur pivot, et une serrure étant suffisante à raison des communications intérieures. Il est inutile d'en indiquer le prix, chacun devant le fixer d'après l'estimation dans sa localité. Les portes d'entrée devront toujours s'ouvrir en dehors, et les intérieures de deux côtés. Dans les contrées où la pierre manque, ces bergeries ne seront pas plus coûteuses, à raison de l'habitude et de l'usage établi dans ces contrées de bâtir les décharges en terre ou en cloisonnage.

Tout ce qui est nécessaire est indiqué dans cette construction, qui se divise en six compartimens et la chambre du berger ; savoir : une bergerie d'hiver, et une d'été, dont cette dernière sera partagée par une muraille d'un mètre et demi de hauteur, pour former un compartiment pour les moutons et les béliers, et un pour les brebis. Celle d'hiver sera divisée en quatre compartimens, savoir : deux d'égale grandeur pour les brebis, séparés par une muraille d'un mètre de hauteur et une porte de communication pour faciliter le pansement du troupeau en garnissant le ratelier d'un compartiment, pendant qu'il sera retenu dans l'autre, afin d'éviter que les brebis gâtent leur laine et se fassent du mal en se pressant, pour se porter toutes à la fois sur le premier fourrage qu'on leur donne. On évitera aussi par ce moyen que la poussière et les débris du fourrage leur tombent dessus et gâtent la laine et la peau, en s'y introduisant, ce qui les fait grater, leur occasionne des maladies de la peau, porte préjudice à la toison. Ces divisions sont aussi très commodes pour faire la litière d'un compartiment pendant que le troupeau est retenu dans l'autre; la laine en sera plus belle, plus propre, plus blanche et d'un meilleur prix; une infirmerie et une bergerie d'hiver pour les moutons, séparées par une muraille d'un mètre et demi de hauteur et une porte de communication pour faire entrer ler moutons dans la bergerie des brebis pendant qu'elles sont dans le compartiment opposé. La construction de ces bergeries procurera l'avantage de pouvoir les utiliser tout à la fois, comme décharges utiles à l'exploitation du domaine, en sorte qu'on se trouvera rédimé d'une grande partie de la dépense qu'elles auront occasionnée, à raison de leur utilité et par l'économie d'autant d'autres bâtimens pour l'exploitation. Elles offrent encore un autre objet d'économie bien important, par la facilité qu'elles donnent à une seule personne (au berger) de panser seul son troupeau, pouvant tout préparer à l'avance.

Les compartimens du côté du nord pour la bergerie d'été, n'étant occupés par le troupeau que pendant le mois de juin, juillet août et septembre, peuvent servir de décharge ou de grange pendant les autres huit mois de l'année, et les compartimens du côté du midi, qui servent de bergerie d'hiver, n'étant occupés que pendant ces huit mois, peuvent servir de décharge pendant que le troupeau occupe la bergerie d'été.

Ces bergeries offrent aussi l'avantage de pouvoir 'oger sur le plancher qu'on peut y faire, le foin et le fourrage, et de faciliter le pansement du troupeau, en laissant une ouverture, dans tout le pourtour, de 35 centimètres vis-à-vis le ratelier, par laquelle on y introduit le fourrage; de cette manière, les feuilles qui se perdent par le déplacement et le transport, qui conviennent le mieux aux animaux et qui font la partie la plus essentielle de leur nourriture, tombent dans le ratelier et dans la crèche; elles offrent encore le moyen précieux de conserver le fourrage dans son état de verdure naturelle, de dispenser des frais du fanage, et d'éviter les avaries que la rosée et la pluie causent au fourrage. On procède en le coupant après que la rosée est tombée. Dès qu'il est coupé, on le met en meule de 8 à 10 pieds de diamètre, sur à peu près autant de hauteur. Lorsque la main ne peut plus supporter la chaleur qui s'établit à l'intérieur, on défait cette première meule pour en faire une seconde; quand la chaleur est suffisamment développée, on en fait une troisième. En cas de crainte de pluie, on peut faire toute cette opération sur le plancher, en y portant le fourrage dès qu'il est coupé, pour y faire la première meule, la seconde et la troisième, et même une quatrième, qui devient nécessaire lorsqu'on fait toute l'opération sur le plancher, parce que le fourrage y reçoit moins d'air qu'en plein champ. Après cette opération, on peut étendre le fourrage sur tout le plancher, et le laisser étendu jusqu'à ce qu'on en porte de nouveau. Cette méthode se pratique (à quelque petite différence près) en Russie et dans la Lorraine; elle est précieuse en ce qu'elle contribue à la conservation de la feuille dont on éprouve la perte dans bien des endroits par l'habitude qu'on a de faner. Le fourrage récolté par ce procédé est d'excellente qualité; il n'est point exposé aux avaries des saisons pluvieuses, il est très profitable aux animaux.

La fermentation du fourrage ne peut être un obstacle à ce que les bergeries servent à le loger. Étant bien aérées, ayant trois mètres de hauteur sous plancher, deux mètres au dessus, et l'ouverture de 35 centimètres dans tout le pourtour, il s'y trouve assez d'air pour que la fermentation ne produise aucun effet nuisible. Le fourrage ne devra jamais couvrir les ouvertures du pourtour, ni toucher aux murs ; cela le priverait d'air, l'humidité des murs pourrait le faire fermenter et le faire moisir, et préjudicier à la qualité. S'il restait quelque doute sur l'effet de la fermentation, elle ne pourrait jamais être le sujet d'aucune crainte, en n'en mettant que sur la bergerie d'hiver, parce que les brebis n'y logeant pas pendant la récolte du fourrage, l'effet de la fermentation ne serait plus à craindre à l'époque à laquelle elles devraient y rentrer. Alors la bergerie d'été n'ayant pas besoin d'être si haute, elle pourrait être en forme d'appendis; cela offrirait de la facilité et de l'économie de muraille et de plancher pour cette partie.

Le fourrage récolté de la manière qui vient d'être indiquée, étant plus pesant que celui que l'on fane, il faut en donner plus de poids pour faire le même volume et le même effet. Lorsque les brebis ne vont pas au pacage et qu'on ne leur donne pas de la paille, il leur en faut jusqu'à trois livres; mais il n'est pas nécessaire pour cela d'en semer davantage, parce que le poids de la récolte sera proportionnée à celui de la dépense.

Plusieurs manières de construire les bergeries ont été mises en usage, mais sans beaucoup de succès. Quelques connaisseurs en économie rurale ont adopté la méthode de ne pratiquer que des petites ouvertures, placées à des hauteurs trop élevées, dans le but d'empêcher les animaux de s'introduire dans la bergerie et d'y incommoder le troupeau ; mais cette méthode n'avait qu'une vue purement préventive ; on ne peut pas se promettre d'empêcher les petits animaux, tels que les serpens, les lézards, les rats, etc., de s'introduire par la hauteur des ouvertures, ni par la dimension qu'on peut leur donner ; ces animaux ayant la facilité de pénétrer par les plus petites, et à toutes les constructions les plus élevées ; et ces ouvertures près de la toiture peuvent avoir pour résultat d'engager ces animaux à y faire leur demeure qui leur convient assez naturellement, et de les rendre plus importuns à raison de leur continuel voisinage. Cette méthode a le grand inconvénient de rendre les bergeries mal saines, à raison de la hauteur exagérée qu'on leur donne, qui forme un enfoncement obscur à raison de la petite dimension des ouvertures et de leur trop grande élévation, et au fond desquelles se trouvent les brebis privées d'air, et à une trop grande distance du peu de lumière que ces petites ouvertures peuvent donner, ce qui leur cause de l'ennui et une tristesse toujours nuisible à leur santé. L'air corrompu par les exhalaisons de la transpiration, des excrémens et du fumier, forme un miasme continuel sur le troupeau, qu'il enveloppe dès son point de départ (faute d'air assez près de ce point), qui est continuellement aspiré, l'air vital ne pouvant se communiquer d'une si grande hauteur, la nature de l'air n'étant pas de se précipiter, mais au contraire de s'élever. Ainsi, les bergeries construites suivant cette méthode renferment une chaleur humide, qui constitue un air échauffé, mal sain, où les troupeaux ne peuvent que contracter des maladies dangereuses, sans pouvoir y prospérer.

Des ouvertures dans tout le pourtour des bergeries ont été mises en pratique dans le but d'obtenir une libre circulation de l'air, et faire échapper le gaz, qui se dégage des litières et des corps, et produire une raréfaction salutaire; mais cette pratique était aussi vicieuse, parce qu'on croyait pouvoir se dispenser de faire circuler l'air par d'autres ouvertures assez basses, pour le communiquer d'une manière plus directe et plus immédiate, et qu'on faisait les murailles indistinctement aussi élevées, dans l'espoir que des ouvertures de six pouces au ras de la toiture étaient suffisantes, tandis qu'alors les bergeries devraient être basses pour communiquer l'air par un point plus direct et plus rapproché du troupeau.

La bergerie d'hiver est indispensable pour préserver les brebis du grand froid, qui leur est très nuisible et fait souvent mourir les agneaux. Les ouvertures devront avoir des contrevens pour les fermer à volonté toutes les fois qu'il y aura nécessité. La bergerie d'été est aussi indispensable, pour empêcher les insectes pendant les grandes chaleurs de fatiguer les brebis, de leur faire des piqûres qui occasionnent des maladies de la peau; la trop grande abondance de transpiration, dans les lieux exposés à la grande chaleur, les affaiblit et produit souvent des répercutions nuisibles, qui seront évitées en procurant un séjour frais pendant cette saison. La bergerie d'été devra donc aussi avoir des contrevens pour la fermer pendant le jour; étant fermée pendant le jour et ouverte pendant la nuit, les insectes, n'aimant pas la fraicheur ni l'obscurité, ne fatigueront pas le troupeau, si l'on prend cette précaution.

Les ouvertures étant près de terre, il est indispensable de les garnir d'un treillis en fer ou au moins en bois, pour empêcher les animaux de la basse-cour d'y pénétrer; la volaille, lorsqu'elle y entre, soulève la litière et le fumier; elle y fait des ordures qui gâtent la laine et nuisent au troupeau.

Il est toujours de la plus grande utilité de mettre les brebis malades à l'infirmerie; la tranquillité dont elles y jouissent et les soins qu'on peut leur donner plus facilement, contribuent à leur guérison; celles qui sont près d'agnéler doivent aussi y être mises, pour éviter les accidens qui peuvent arriver aux petits agneaux, parmi les grands troupeaux, qui les foulent et les font mourir.

Les brebis ne doivent pas être fatiguées, ni troublées, par des marches précipitées : la moindre peur leur est contraire, ainsi que le moindre trouble, et contribue à les incommoder. Aussi est-il indispensable que le berger soit constamment auprès de son troupeau pendant le pacage, pour écarter les chiens errans qui pourraient y passer à portée, et tous les objets qui pourraient les épouvanter ; le berger ne doit jamais trop presser la marche du troupeau en allant au pacage, ni à son retour à la bergerie.

Les bergeries et infirmeries doivent être garnies de râteliers à l'exception des intervales des portes seulement; des crèches doivent y être placées dessous, sans être fixées ou attachées; elles seront de petites auges, longues environ de 6 pieds, qu'on pourra déplacer à volonté pour les nétoyer, et les descendre, pour panser les agneaux, pendant qu'ils sont trop petits, pour atteindre à la hauteur qu'on leur donne pour les brebis. Les râteliers ne doivent être que peu inclinés pour que les débris du fourrage ne tombent pas sur les brebis; ils devront être éloignés de la muraille, de 5 à 6 pouces de dessous, et de 8 à 9 pouces de dessus, pour qu'ils n'aient que 3 pouces d'inclinaison ; les barreaux doivent être assez près pour empêcher les brebis d'y passer la tête. Lorsqu'on désirera que les brebis soient plus au large et plus à leur aise pour manger, on pourra placer à cet effet un double râtelier avec des crèches au milieu de la bergerie.

Lorsqu'on aura un bâtiment bien placé et bien situé, que l'on pourra distribuer d'une manière conforme à la formule, on pourra se dispenser de bâtir la bergerie à neuf, si on tient à en économiser la dépense. Si le bâtiment ne se trouvait pas assez grand, on pourrait le rendre suffisant en y ajoutant ce qui serait nécessaire; cela ne souffrirait aucune difficulté, lors même que la bergerie d'été ne se trouverait pas contiguë au même local, si on en avait un exposé au nord, où on pût placer le troupeau pendant l'été. Mais lorsqu'on construit la bergerie à neuf, la construction doit être conforme à la formule, planche 2me.

§ 5.

MOYENS CURATIFS.

Les brebis mal soignées, mal tenues, ou pour lesquelles on aura négligé l'usage des moyens préservatifs, étant exposées à la maladie de la pourriture, il est important d'indiquer les moyens propres à la guérir.

Les propriétaires et les bergers négligens et peu soucieux des soins qui sont nécessaires pour la conservation de leurs brebis, n'envisagent le danger qu'ils encourent de les perdre que lorsque la bouteille se manifeste (1), ou que les derniers symptômes leur font reconnaître l'approche de la mort inévitable, ou même que quelques brebis ont déjà péri ; alors ils croient le mal sans remède, aucun moyen curatif n'étant à leur connaissance, et ils laissent périr le troupeau.

Si la maladie se déclare au commencement de l'hiver, pendant la mauvaise saison, le troupeau périt ordinairement en entier, si on n'y porte promptement remède, parce que, étant atteint dans une saison critique où l'herbe des pacages a perdu ses substances nutritives, et étant éloigné de l'époque où la nouvelle végétation lui transmet de nouvelles substances, leurs privations augmentent leur état de faiblesse qui les fait périr. Si au contraire le troupeau n'est atteint que vers la fin de l'hiver ou au commencement du printemps, il arrive souvent que les bêtes les plus robustes, ou les dernières atteintes, se conservent, parce que leur tempérament ou l'époque tardive de la maladie leur permet de résister

(1) La bouteille n'est pas un signe de mort certain et sans remède. On y remédie facilement, si on fait ce qui convient pour guérir la maladie, sans perdre trop de temps. Elle disparaît quelquefois d'elle-même, parce qu'elle change de localité. Si on laisse les brebis à la bergerie, elle disparaît assez ordinairement, la tête n'ayant pas la position basse comme pendant le pacage, et le fourrage sec étant un absorbant du liquide qui la produit.

jusqu'au renouvellement des plantes, époque où les pacages reprennent les qualités nutritives qui constituent une bonne nourriture; elles se remettent jusqu'à nouvel accident. Ces circonstances devraient être bien suffisantes pour faire reconnaître que les brebis, en reprenant leurs forces, se débarrassent des vers intestinaux, s'ils n'ont déjà occasionné de trop grandes lésions dans les organes de la vie.

Mais la nature et les causes de cette maladie, et les circonstances qui l'accompagnent étant peu connues ou peu observées, on l'attribue au hasard ou à une contagion épizootique; on se livre à une infinité de conjectures inutiles, et jamais à aucun changement des habitudes malheureusement trop accréditées, et qu'une fatalité bien déplorable empêche d'abandonner.

Dès qu'on reconnaîtra quelqu'un des symptômes indicatifs de la pourriture, et qu'on voudra conserver les brebis qui en seront atteintes, on devra les mettre à l'infirmerie, leur faire une bonne litière, ne pas les laisser sortir qu'avec le beau temps (encore serait-il mieux de ne pas les laisser sortir du tout, pour que la guérison fût plus facile et plus prompte), leur donner de bon fourrage sec (autant qu'on le pourra, de la luzerne), demi-livre d'avoine, à laquelle on ajoutera deux ou trois gros de sel, autant de soufre lavé, pendant quatre jours de suite (il faut donner le sel et le soufre le matin à jeun), en observant de ne jamais mettre les malades à une trop grande diète; elle leur serait nuisible et aggraverait la maladie, en augmentant leur faiblesse. La demi-livre d'avoine et une livre de luzerne, et même davantage, selon leur grosseur et leur besoin et selon qu'on les laissera aller au pacage, devra leur être donnée chaque jour. Tout le troupeau devra être mis en même temps à l'usage des moyens préservatifs pour éviter l'embarras qu'occasionneraient les soins qu'il faudrait donner au grand nombre des malades, parce qu'il serait à craindre que le troupeau fût atteint en entier (si la maladie n'était pas trop avancée, les moyens préservatifs pourraient la guérir, en augmentant seulement l'avoine jusques à demi-livre). Ce traitement devra être renouvelé pendant quatre jours, en augmentant seulement la dose du soufre insensiblement jusqu'à quatre gros. Après ces quatre derniers jours, on fera prendre pendant quatre jours de suite (toujours le matin à jeun), 12 ou 15 grains de camphre dissout avec l'alcool, en y ajoutant trois onces d'eau; on renouvellera encore alternativement ce remède avec le premier, deux fois de suite.

Le lendemain, on fera prendre une livre de décoction de peau de racine de grenadier, en trois doses égales, de demi-heure en demi-heure, en ajoutant à chaque prise un gros et demi de soufre: cette décoction jouit des propriétés vermifuges et procure l'expulsion du tœnia. La peau doit être privée de la partie ligneuse. M. Chevalier a publié, dans le journal de chimie médicale, une note sur la manière d'employer la racine de grenadier contre le tœnia : écorce de racine de grenadier concassée, 2 onces; eau commune, 2 livres. Après une macération de 24 heures, on fait bouillir jusqu'à ce que le liquide soit réduit à une livre. Ce moyen employé par M. Chevalier pour l'espèce humaine, a très bien réussi pour les brebis. Malgré que la racine du grenadier soit préférable à la grenade, celle-ci a produit constamment de bons effets pour les brebis, ainsi que la feuille du grand houx; on pourra donc à défaut des racines de grenadier, se servir de la grenade, ou de la feuille de houx, à défaut de la grenade.

L'infusion suivante est très bonne pour le parfait rétablissement de la santé des brebis, en contribuant puissamment à rétablir leurs forces. On fera toujours bien de leur en faire prendre 3 ou 4 onces, environ demi-verre, pendant quatre ou cinq jours à la suite du traitement, en les renouvelant une ou deux fois après quatre jours d'interruption; demi-once de poivre en grains, demi-once de grains de genièvre, deux gros de canelle dans un litre de vin; (le blanc est préférable au rouge), de bière, à défaut de vin; le tout infusé au moins pendant 24 heures. Une infusion plus longue n'en est que meilleure. Il est toujours utile de faire usage des moyens préservatifs jusqu'à parfait rétablissement. Cette dernière infusion, qui n'est pas indiquée comme remède, a cependant servi, jointe aux moyens préservatifs, à guérir plusieurs brebis, dont la maladie n'était pas bien avancée; ainsi on peut espérer, en la joignant aux moyens préservatifs, de guérir celles qui ne seraient atteintes que depuis peu de temps.

Si les brebis malades étaient arrivées au degré de maladie qui les empêche de manger, il faudrait les entretenir pendant le traitement avec de la farine de froment délayée avec de l'eau, si elles ne veulent pas boire, on la leur fait avaler avec un fiole), et leur tenir à discrétion de l'avoine, du fourrage et tout ce qu'on saura être de leur goût; dès qu'elles en mangeront, leur guérison ne sera plus douteuse. (1)

On pourrait indiquer d'autres moyens propres à guérir la maladie de la pourriture, tels que l'hydrochlorate d'ammoniaque, les préparations ferrugineuses et mercurielles, l'huile de térébenthine

(1) L'année 1820, trois brebis d'un troupeau furent atteintes de la maladie de la pourriture; laissées sans aucun soin, deux moururent; la troisième, étant arrivée à l'état de ne pouvoir plus manger, fut traitée de la manière indiquée; le troisième jour du traitement, elle fit naître un agneau qui ne vécut que 36 heures; elle guérit parfaitement, et elle fut ensuite la plus vigoureuse du troupeau; elle eut pendant trois années un agneau, beau et bien nourri, et elle fut très bien vendue ensuite, quoique vieille. Au commencement du mois de février 1837, cinq brebis

mêlée avec l'huile d'olive ou de graine de lin, l'hydrochlorate de fer et d'ammoniaque, l'huile de ricin donnée la veille de la décoction de la peau de racine de grenadier, l'éther et le quinquina. Mais ces remèdes étant d'un prix plus élevé, c'est pour cette raison qu'il était plus *avantageux* de rechercher ceux dont le prix fût plus en rapport avec la valeur des brebis. Tels sont ceux qui ont été indiqués et qui ont offert en même temps une meilleure réussite et un constant succès.

Le souffre est un puissant remède, en ce qu'il détermine l'augmentation de la chaleur animale, qu'il suscite une excitation générale dans toute l'économie; à petites doses, il est considéré comme un excitant très avantageux; il porte à la peau d'une manière bien salutaire, en contribuant à lui rendre sa souplesse et en changeant pour ainsi dire le mode de vitalité; il agit sur les poumons et les viscères abdominaux, il est propre pour la phthisie; toutes ses propriétés agissent en même temps sur tout le système en général. Il a en-

ont été atteintes; quatre traitées suivant la même méthode ont été bien guéries. La cinquième, laissée sans soin, mourut vers la fin du même mois de février.

Dans l'année 1836, j'avais trois troupeaux, l'éloignement de deux ne m'ayant pas permis de surveiller le traitement, que ceux qui en prenaient soin ne voulurent même pas faire, ces deux périrent en entier, au nombre de soixante; le troisième qui était très à portée, ayant été soigneusement traité, se conserva, et aucune bête ne mourut.

core des propriétés absorbantes, et contraires à l'œdème; il est propre à résister à la pourriture.

La propriété du camphre s'exerce sur les membranes muqueuses, il passe dans les organes, dans lesquels il porte son odeur qui est très contraire, ainsi que celle du soufre aux vers qui existent pendant la maladie de la pourriture; il a des propriétés antiseptiques qui contribuent aux bons effets qu'il produit contre cette maladie.

Le sel (hydrochlorate de soude ou sel de cuisine), produit de bons effets qui ont été de tous les temps préconisés ; mais comme on ne s'est jamais rendu un compte fidèle de ces bons effets, il est malheureusement peu de personnes qui en donnent aux brebis.

On a toujours observé que les brebis qui paissent dans les endroits salés ne sont jamais sujettes à la pourriture, et beaucoup moins souvent atteintes par d'autres maladies. Les troupeaux élevés dans les endroits où la haute mer laisse beaucoup de sel, ou qui se nourrissent sur des terrains qui se sont formés aux dépens de la mer, sont toujours plus forts, plus vigoureux et plus beaux.

Les propriétés du sel étant peu connues, on les a attribuées à la vigueur qu'il donne aux animaux, en excitant leur appétit et facilitant la digestion. Tout en lui reconnaissant ces bons effets, on doit lui en attribuer d'autres bien efficaces contre la nature de cette maladie. Il est éminemment antiseptique et anthelmintique; mis en contact avec plusieurs vers, il les fait instantanément mourir; il porte une atteinte mortelle à ceux qui échappent à ses premiers effets. Sous ces rapports, il est merveilleux contre la maladie de la pourriture.

La manière de l'administrer a toujours été douteuse. Les uns ont conseillé de le donner seul, d'autres mêlé avec les alimens, d'autres dissout dans le liquide et la boisson. De quelle manière qu'on le donne, il fait toujours du bien; mais la meilleure serait de le donner seul; l'action en serait plus immédiate et plus sensible. Mais tous les animaux ne veulent pas le manger seul, s'ils n'y sont pas accoutumés d'avance; aussi est-il indispensable que les bergers accoutument leurs brebis à le manger. Pour y parvenir plus facilement, ils auront le soin de le bien égruger; plus il sera fin, plus il sera facile de le faire manger. Les agneaux s'habituent à le manger plus facilement que les vieilles brebis, ainsi que l'avoine et tout ce qui est indiqué en cas de maladie ou comme préservatif. Le berger doit les y accoutumer de bonne heure; outre la facilité qu'il y trouvera, il leur fera beaucoup de bien.

Il est certains pacages qui ôtent le goût du sel aux brebis et les empêchent d'en manger; il en est d'autres qui les en rendent très avides. On remarque dans les Hautes et Basses-Pyrénées que les brebis ne veulent pas du sel lorsqu'elles pacagent dans la plaine, et qu'elles en mangent beaucoup lorsqu'on les mène paître sur la montagne et les côteaux pierreux. Il faudra donc prendre tous les moyens convenables pour le faire manger aux bêtes qui feront quelque difficulté, ou bien le leur donner avec la boisson, ou en liquide, et le leur faire avaler avec une fiole longue qu'on avancera assez dans la bouche avant de verser. La quantité doit être observée; si on en donnait trop, il aurait l'inconvénient de trop altérer les brebis ou de leur donner un trop grand appétit qui pourrait devenir nuisible, si elles étaient trop abondamment pansées à l'étable ou conduites à des pacages trop abondans, parce qu'elles pourraient prendre trop de graisse.

Bien que l'on puisse être assuré de guérir les bêtes à laine, par le moyen du traitement indiqué, il n'est pas difficile de reconnaître combien il serait avantageux d'éviter la nécessité d'y recourir, en faisant usage des moyens préservatifs, surtout si on remarque combien la nécessité du traitement est désagréable; que s'il est mal fait, il peut devenir infructueux, et que la maladie et les souffrances des bêtes qui en sont atteintes, portent toujours préjudice à la toison, les rendent maigres et en diminuent le prix, ainsi que celui des agneaux, que la maladie fait quelquefois périr.

Les grands bénéfices qu'on doit attendre du soin que l'on prend des bêtes à laine, doivent être des motifs assez puissans pour ne point négliger aucun des moyens préservatifs pour les soustraire au fléau de la pourriture, et les conserver.

Quand on réfléchit aux produits énormes que l'on peut retirer des profits des brebis, qui semblent mises à la disposition de l'homme, comme un don de la nature, propre à lui procurer les véritables aises de la vie, on demeure étonné de voir l'indifférence que l'on met en France aux soins de ces inestimables animaux.

Il est connu que dans les trois années humides et froides de 1829, 1830 et 1831, cinq millions de moutons, plus d'un huitième du nombre existant en France, furent frappés; en 1835 et 1836, le nombre en a été plus grand; au commencement de 1837, un grand nombre a déjà commencé à être frappé. Ainsi la maladie de la pourriture a exercé ses ravages pendant six années, sur huit qui se sont écoulées, depuis la fin de 1829 jusqu'au commencement de 1837. Un aussi funeste exemple doit être bien suffisant pour engager le gouvernement à prendre tous les moyens qui sont en son pouvoir, pour remédier à ces calamités; ce serait un bienfait immense que lui devrait la France, si au moyen d'une prime d'encouragement, il parvenait à procurer le développement d'une industrie aussi convenable à son territoire, qui aurait le double résultat de féconder les terres, d'augmenter la production des laines, de fournir une viande délicate qui contribuerait à la vie de l'homme, et amènerait, avec tous ces avantages, un état de richesse générale, que nulle autre industrie ne pourrait procurer. Ce serait aussi un bienfait qui satisferait ses dispositions bienveillantes, dont les résultats seraient immenses.

L'Angleterre dont la population n'est que de 24 millions d'habitans, et dont la superficie du terrain n'est que de 32 millions d'hectares, en y comprenant l'Ecosse et l'Irlande, élève 42 millions de moutons. La France, dont la population est de 32 millions d'habitans, et la superficie du terrain de 52 millions d'hectares, n'en élève que 41 millions; cependant, le climat de la France, étant plus tempéré, convient mieux aux moutons que celui de l'Angleterre. La différence qui existe en faveur de l'Angleterre doit être attribuée au goût particulier des Anglais pour cette industrie, et à l'amour-propre qu'ils attachent à la beauté de leurs troupeaux, qui les porte à les mieux entretenir et à en avoir un plus grand nombre. Il est aussi des contrées des états de l'Allemagne où on reconnaît l'avantage d'élever de grands troupeaux, et où cette industrie fait de grands progrès. Combien est appréciable celui de 200,000 moutons que le prince d'Estherazy promène dans les momens les plus opportuns sur ses vastes domaines, et quelle puissance végétative pour féconder les terres et produire l'abondance parmi ceux qui les cultivent.

La France pourrait, dans la proportion de son territoire avec celui de l'Angleterre, élever 68 millions de moutons qui feraient une consommation de 680,000 hectolitres de sel, à une livre et demie chacun, qui ne s'élèverait qu'à la petite dépense de 28 centimes pour chaque bête par année (s'il n'était pas si cher, on pourrait leur en donner pendant toute l'année, ce ne serait que mieux); à raison de 28 fr. l'hectolitre, l'impôt étant de 19 fr. 50 c. l'hectolitre, s'élèverait à 13,260,000 fr. Le sol de la France étant plus convenable aux brebis que celui de l'Angleterre, ce nombre pourrait s'accroître beaucoup au-dessus de cette proportion, et l'impôt s'élèverait d'une manière relative.

Les primes que le gouvernement accorderait pour les bêtes à laine auraient des résultats bien autrement avantageux que celles accordées aux bêtes à cornes. L'émulation qui en découlerait pourrait faire surmonter la répugnance à leur donner du sel, à raison de sa cherté. Les primes qui n'étaient accordées aux bêtes à cornes que dans le but d'améliorer les races et d'obtenir des animaux plus forts pour labourer plus fortement les terres et obtenir de meilleurs résultats en agriculture, ce but a été entièrement manqué.

Dans les premières années, il paraissait aux concours d'assez jolis animaux; mais l'agriculture, loin d'en éprouver quelque amélioration, avait à en souffrir, parce qu'une grande partie de la nourriture des bestiaux de travail était dévorée par les bêtes destinées au concours; ce qui faisait que celles destinées au travail étaient dans un état de faiblesse qui les rendait impropres à de grands travaux. On a été bientôt las de cet état de choses, et il ne paraît plus aux concours que des animaux ordinaires et médiocres, auxquels on accorde également la prime, ce qui fait que les races n'ont acquis aucune amélioration remarquable, et que l'agriculture n'en est pas plus prospère.

Les troupeaux des bêtes à laine offrent des résultats d'une plus grande importance; leur bon fumier est un fertilisant qui produit de bien meilleurs effets que le labour profond et souvent répété; les pays bien fertiles produisent des récoltes immenses, sans beaucoup de culture. Il est des contrées en Europe où les terres rapportent immensément, jusqu'à 40 pour un de la semence qu'on leur confie, sans qu'on les laboure, si ce n'est pour couvrir le grain que l'on sème. Nos terres fécondées au moyen des troupeaux de brebis, dont le fumier est de la meilleure qualité, nous donneraient les mêmes avantages; il n'est donc pas douteux qu'une prime qui serait accordée pour l'encouragement de l'éducation des bêtes à laine, serait d'un précieux avantage pour l'abondance des récoltes.

La grosseur des bêtes à cornes, leur utilité pour

les travaux auxquels on les fait servir, leur plus grand prix en proportion des soins qu'on leur donne et l'habitude de les bien soigner, feront qu'on en prendra toujours assez de soin, sans qu'il soit besoin d'aucun encouragement que celui de l'habitude et de la nécessité qui s'en fait sentir.

Il n'en est pas de même des bêtes à laine; la mauvaise habitude étant contractée de n'en avoir aucun soin, quoiqu'elles en exigent beaucoup plus, il est indispensable que le gouvernement accorde une prime d'encouragement pour établir l'émulation nécessaire dans l'intérêt de cette importante industrie. La prime si inutilement accordée aux bêtes à corne pourrait être attribuée aux bêtes à laine; elle aurait des résultats bien autrement importans. Plus le nombre des brebis serait grand, et plus la dépense du sel serait grande, le produit de l'impôt augmenterait en proportion, et le gouvernement pourrait de plus en plus en voir utiliser l'emploi à opérer ces bons résultats, pour la conservation et l'amélioration des troupeaux de bêtes à laine, si désirable, et depuis si long-temps désirée.

FIN.

TABLE DES MATIÈRES.

www.ingramcontent.com/pod-product-compliance
Ingram Content Group UK Ltd.
Pitfield, Milton Keynes, MK11 3LW, UK
UKHW020355180726
13839UKWH00003B/1110